KB273357

참 쉬운 아이밥상

참 쉬운 아이밥상

1판 1쇄 인쇄_2015.12.16.
1판 1쇄 발행_2015.12.23.

지은이_곽인아(뽀로롱 꼬마마녀)
발행인_홍성찬
사진_한정수(studio etc. 02-3442-1907)
본문 스타일링_박현희(cakesa1105@naver.com)
본문 스타일 어시스턴트_송미리(yonalstyle@naver.com)
표지 일러스트_박경연(pencil747@naver.com)
표지 및 본문 디자인_ALL design(02-776-9862)

발행처_인사이트북스
출판신고_2009년 6월 5일 제25100-2009-0017호
주소_서울특별시 강북구 삼양로169길 34-12(우이동, 142-871)
대표전화_070)8112-0846
팩시밀리_02)906-9888
이메일_insightbooks@hanmail.net

ⓒ곽인아(뽀로롱 꼬마마녀) 저작권자와 맺은 특약에 따라 검인을 생략합니다.
ISBN 978-89-98432-47-8   13590

Daum 요리앤라이프 03

3000만 네티즌이 사랑하는 가장 맛있는 밥상 레시피!

참 쉬운 아이밥상

곽인아_뽀로롱꼬마마녀

인사이트
북스

제 나이 올해 서른여섯 살. 올해 초등학교에 갓 입학한 딸 아이 하나를 둔 평범한 주부입니다.

한 페이지에 쓰기엔 짧다고 할 수도 있고 길다고 하면 길 수 있는 인생을 살아오고 있습니다.

저의 달란트를 감사히 여기고 살았더니 좋은 책을 쓰는 기회도 생기네요. 세 번째 책이지만 여전히 설레고 떨리고 작업을 할 때마다 힘도 듭니다. 하지만 오랜 노력 끝에 완성되어 인쇄된 책을 보면 정말 보람되고 뿌듯하고 눈물 나도록 감격스러워요.

요리 파워블로거이기 때문에 많은 분들이 제 전공에 대해 궁금해 하시곤 합니다. 저는 공대를 졸업했답니다. 그래서 결혼 전엔 이공계 분야에서 일을 했었죠. 회사일로 바쁘게 지내다 보니 건강에 이상이 생기게 되었어요. 건강부터 챙겨야겠다는 생각에 프리랜서로 활동하게 되었습니다.

프리랜서로 활동하며 제가 그토록 원했던 시간은 생겼지만 나날이 가벼워지는 지갑을 무시할 수는 없더군요. 그래서 시작한 게 요리였어요. 당시 남친이었던 제 신랑을 위한 요리였지요. 제 첫 요리는 정말 처참했어요. 뒷집 강아지마저도 외면했을 정도였답니다. 오기가 생겨서 나도 할 수 있다는 것을 보여주겠다는 각오로 더욱 열심히 요리 공부를 했습니다. 친정식구늘마저 고개를 서으며 안 먹으려 할 때 오로지 신랑만이 흔쾌히 제 요리를 맛있게 먹어 줬어요. 당시를 회상하며 신랑은 "어쩌겠어, 나라도 희생해야지. 하지만 두 번 하라고 하면 못할 것 같아."라고 합니다. 가끔 저도 미안해질 때가 있어요. 간도 안 맞는 요리들을 먹였으니…. 하지만 그런 신랑 덕분에 온가족이 외식보다는 집밥을 선호할 정도로 제 요리 실력이 늘 수 있었어요. 그러니 덜 미안해해도 되겠지요.

저는 저처럼 요리 못하는 분들에게 희망을 드리고 싶어요. 요리 실력이 향상된다는 것이 어떤 것인지, 요리를 알아가는 기쁨이 얼마나 큰지…. 그걸 알기에 그 기쁨을 같이 공유하고 싶어요.

구하기 어려운 재료가 아닌 주변에서 손쉽게 구할 수 있는 재료로, 어렵지 않게 간단하면서 손쉽게 맛 낼 수 있는 비법들을 공유하며, 요리라는 게 정말 즐거운 작업이라는 걸 알려드리고 싶습니다.

못한다고 절대 포기하지 마세요! 요리는 정말 정직해서 하면 할수록 맛있어진답니다.

저는 요리는 사랑이라고 생각해요. 항상 즐거운 마음, 행복한 마음, 기쁜 마음으로 해야 맛이 있게 된답니다. 하기 싫어하고, 귀찮아하며, 대충 대충하면 요리에도 제 마음이 나타나더군요.

콧노래를 흥얼거리며, 정성들여 재료를 손질하고, 조리를 하면, 정말 맛있는 음식이 짠~~~~ 하고 나와요. 맛을 본 신랑과 아이 입에서 "우와~ 맛있다!!" 하는 소리를 들을 때 정말 행복해진답니다.

첫 번째, 두 번째, 세 번째 책을 내면서 이제는 네 번째 책도 기다려집니다. 이번 책이 나오기까지 함께 고생한 사랑하는 신랑과 우리 딸 예은이 그리고 친정어머니와 시어머님 등 가족 모두에게 감사드립니다.

사랑하는 사람에게 제 책을 오래오래 물려줄 수 있기를 기도합니다. 저에게 요리 달란트를 주셔서 사랑하는 사람들을 위해 즐겁게 요리할 수 있게 해 주셔서 감사하다고 기도합니다. 항상 행복한 하루 되세요.

언제나 맛깔스러운 행복을 드리고 싶은

뽀로롱꼬마마녀 곽인아 올림

Contents

프롤로그 _ 005

#Bar rice cake

가래떡꼬치

ingredient

가래떡 3개 • 식빵 3장 • 올리고당 1큰술 • 달걀 1개 • 빵가루 적당량
양념 고추장 2큰술 • 케첩 1큰술 • 간장 1큰술 • 올리고당 1큰술 •
매실청 1큰술 • 물 1-2큰술

how to make

1   양념의 모든 재료를 한 볼에 섞어서 전자레인지에 1분 간격으로 두 번
    돌린다.

2   가래떡은 살짝 데치고, 식빵은 밀대로 밀어놓는다.

3   가래떡에 올리고당을 붓으로 살짝 펴 바른다.

4   3의 가래떡을 식빵 위에 올려서 만다.

5   4의 가래떡에 달걀옷을 입히고 빵가루 옷을 입힌 뒤 오일을 두른 팬에서
    굽는다.

6   미리 만들어 둔 양념장을 골고루 바른다.

1 구울 때 식빵의 맞닿은 부분
  이 밑으로 가도록 구워야 풀
  어지지 않아요.
2 가래떡은 식빵 길이로 잘라서
  준비해야 모양이 예뻐요.
3 물은 짠맛 조절용이므로 1큰
  술 넣고 전자레인지를 돌려
  요. 간이 짜면 다시 1큰술을
  첨가해요.
4 식빵의 테두리가 싫다면 잘라
  낸 후 조리하세요. 잘라 낸 테
  두리로 식빵 러스크를 만들어
  먹으면 맛있어요.
5 올리고당이 없다면 물엿이나
  조청으로 대신해도 좋아요.

#Doemjang
#Stir-fried Rice Cake

된장크림소스 떡볶이

ingredient

떡볶이떡 1인분(약 15개 정도) · 생크림 150ml · 우유 200ml · 된장 1큰술 · 올리고당 1큰술 · 양파 1/2개 · 오일 1큰술

how to make

1 떡볶이떡을 물에 한번 씻은 후 오일 1큰술 정도 둘러서 중불에서 살짝 굽는다.

2 된장에 올리고당을 미리 섞는다.

3 양파를 채 썰어 볶는다.

4 3에 생크림과 우유를 넣고 끓이다가 2의 된장을 넣는다.

5 미리 구워 놓았던 떡볶이떡을 4에 넣고 좀 더 끓인다.

1 집집마다 된장의 짠맛이 다르므로, 개인의 기호에 따라 간을 맞춰 주세요.
2 브로콜리, 당근, 아스파라거스 등 좀 더 다양한 채소를 곁들여도 좋아요.
3 남은 떡볶이떡이 있다면 떡꼬치나 궁중떡볶이 등을 해 먹어도 맛있어요.

#Tofu
#Sausage

두부 핫도그

ingredient

두부 1모 • 녹말가루 1-2큰술 • 소시지 5개 • 밀가루 적당량 • 빵가루 • 오일 약간
두부 밑간 소금 한꼬집 • 후추 톡톡 • 참기름 1작은술

how to make

1   두부의 물기 빼서 으깬 뒤 밑간을 하고 녹말가루를 섞는다.

2   소시지를 끓는 물에 데친 뒤 밀가루 옷을 살짝 입힌다.

3   2의 소시지 겉면에 1의 두부 반죽을 입힌다.

4   3의 두부핫도그 위에 빵가루를 골고루 묻힌 후 오일을 살짝 두른 팬에
    굽는다.

뽀로롱 꼬마마녀의 요리제안

1 허니머스타드와 케첩을 뿌려 먹어요.

2 밀대로 식빵을 민 후 소시지 넣고 핫도그를 만들어도 맛있어요.

3 소시지 대신 동그란 어묵을 넣으면 '어묵바'가 됩니다.

#Pasta brick

#String cheese

춘권피 치즈스틱

imgredient

스트링치즈 5개 • 춘권피 5장

how to make

1   춘권피를 마름모 모양으로 펼친 후 가운데 스트링치즈를 놓는다.
2   양 옆을 오므리듯 잘 감싼 뒤 끝면에 물칠을 살짝 해서 만다.
3   2의 치즈스틱을 오일 살짝 바른 팬에 노릇노릇 굽는다.

뽀로롱 꼬마마녀의 요리제안

춘권피 반죽이 맞닿은 부분을 밑으로 가도록 한 후 구워야 풀어지지 않아요.

요리 플러스

춘권피에 골고루 물칠한 뒤에 설탕 1큰술, 시나몬 가루 1작은술을 섞어 뿌린 후 돌돌 말아 구워요. 맛있는 춘권피 시나몬스틱이 됩니다.

#Rice cake
#Sausage

떡소시지강정

ingredient

조랭이 떡 두줌(160g) • 비엔나소시지 100g
양념 간장 1큰술 • 물 2큰술 • 조청 2큰술

how to make

1   떡은 겉면이 살짝 노릇할 정도로 약불에 굽는다.

2   소시지는 칼집을 내서 끓는 물에 데친다.

3   양념의 모든 재료를 한 볼에 섞는다.

4   오목한 냄비에 떡과 소시지, 양념을 넣고 중불에서 볶는다.

1 단맛이 좀 더 필요하면 조청
  을 1/2큰술 추가해요.
2 조청을 너무 오랫동안 불에서
  볶으면 딱딱해지므로, 모든
  재료가 골고루 어우러질 정도
  로만 볶아요.
3 조청이 없을 때는 올리고당이
  나 물엿을 써요.

#Tortilla
#Pepper
#Oniom

recipe
#6

달걀밥피자

1

2

3

4

5

ingredient

또띠아 1장 • 피망 1/2개 • 양파 2/3개 • 밥 1/2공기 • 토마토소스 3큰술 •
피자치즈 적당량 • 달걀 1개

how to make

1 양파와 피망을 다진 후 볶는다.
2 1의 재료에 찬밥과 토마토소스를 넣고 한번 더 볶는다.
3 또띠아 위에 2의 밥 재료를 올린 후 골고루 펴 바른다.
4 3의 달걀밥 피자 가운데를 판 뒤 달걀 1개를 넣고 피자치즈를 뿌린다.
5 오븐에서 치즈가 노릇하게 녹을 정도로 굽는다. 노른자가 좀 더 확실하게 익도록 전자레인지에서 약 1분 30초 정도 더 굽는다.

뽀로롱 꼬마마녀의 요리제안

1 햄, 스위트콘 등 다양한 재료가 들어가면 식감이 좋아요.
2 또띠아 위에 피자치즈를 살짝 놓고 밥을 올려야 밥과 또띠아가 서로 잘 달라붙어요.
3 채소를 안 먹는 아이들에게 채소 손질을 맡기며 요리에 참여시키면 즐거워하며 채소도 잘 먹어요.
4 오븐이 없다면 뚜껑 있는 프라이팬에서 요리 가능해요.

#Onion

#Shrimp

크림크로켓

튀김옷을 조금 두껍게 입히려면 달걀 푼 데 밀가루를 약간 섞어 보세요.

감자크로켓 ① 감자 큰 것 3알을 삶아서 매셔로 으깬 후 참치 150g, 스위트콘 150g를 섞어서 간을 맞춘다. ② ①에 동그란 어묵을 하나 넣고 모양을 만든 뒤 밀가루-달걀-빵가루 옷을 입혀서 오븐에 굽거나, 기름에 튀긴다.

달걀 크로켓 ① 삶은 달걀 4개를 으깬 뒤 다진 피클 1.5큰술, 요리당 1큰술, 마요네즈 1큰술, 빵가루를 섞어 모양을 잡는다. ② ①에 밀가루-달걀-빵가루 옷을 입혀 굽거나 튀긴다.

달걀을 삶은 뒤 냄비에 소량의 물만 넣고 뚜껑 닫아서 마구 흔들면 달걀 껍질을 좀 더 쉽게 벗길 수 있어요.

ingredient

양파(소) 1개 • 새우살·오일 적당량 • 밀가루 3큰술 • 우유 180ml •
빵가루·밀가루 적당량 • 달걀 2개 • 소금·후추 약간

how to make

1   양파와 새우를 다져서 오일을 두른 팬에 볶는다.

2   새우가 익으면 밀가루 3큰술을 넣고 볶는다.

3   2의 재료에 우유를 조금씩 부어가며 농도를 맞춘다. 3의 농도가 맞춰지면 소금과 후춧가루를 넣어 간을 맞춘다.

4   3의 크림크로켓 반죽을 식힌 후 동그랗게 한 스푼씩 떠서 밀계빵(밀가루-계란-빵가루) 옷을 입힌다.

5   4의 재료를 오목한 팬에 오일을 적당량 넣고 노릇하게 튀긴다.

#Tortilla
#Walnut
#Almond

또띠아 호두파이

ingredient

또띠아 8호 1장 · 호두 70g · 아몬드 70g
필링 달걀 2개 · 흑설탕 2큰술 · 올리고당 3큰술 · 계피가루 1작은술 ·
오일 1큰술

how to make

1   데친 호두와 아몬드는 약불에서 노릇하게 볶는다.
2   필링 재료를 한 데 넣고 달걀 거품이 많이 나지 않도록 고루 섞는다.
3   파이 틀에 또띠아를 올린 후 1의 아몬드와 호두를 골고루 넣는다.
4   3에 2의 필링을 체에 걸러 가며 넣는다.
5   오븐 180도에서 20분 정도 굽는다. 오븐이 없을 경우 넓은 팬에 호일 두
    장을 깔고 또띠아를 올린 후 뚜껑을 닫아서 약불에 익힌다.

1 호두를 데칠 때 생기는 거품
  은 걷어 내요.
2 좀 더 바삭한 파이를 즐기고
  싶다면 또띠아를 앞뒤로 살짝
  구운 뒤에 사용해요.

요리 플러스

또띠아 견과류 피자 ① 또띠아
위에 조청을 펴 바른다. ② 땅콩
이나 아몬드, 호두 등의 견과류
를 골고루 올리고, 피자치즈를
넉넉하게 뿌린다. ③ 치즈가 녹
을 정도로 굽는다.
필링을 만들 때 계피가루가 뭉
치지 않고 잘 풀어지도록 섞어
주세요.

#Bread

#Eggs

#Milk

식빵 달걀빵

ingredient

식빵 6장 • 달걀 6개 • 우유 100ml • 설탕 2큰술 • 소금 1/2작은술 •
파슬리·오일 적당량

how to make

1   식빵을 밥공기로 눌러 동그란 모양을 낸다.

2   머핀 틀에 오일을 바른 뒤 1의 식빵을 안에 넣어서 모양을 잡는다.

3   우유에 소금, 설탕을 넣어 잘 섞은 후 식빵에 고루 칠한다.

4   3의 식빵에 달걀 1개를 넣고 파슬리 가루를 뿌린 뒤 180도로 예열된
    오븐에서 노른자가 익을 때까지 약 20분간 굽는다.

뽀로롱 꼬마마녀의 요리제안

속재료로 다양한 채소가 들어가
도 맛있어요. 채소는 꼭 한번 볶
아서 수분을 날린 뒤에 사용해
요. 그렇지 않으면 속이 질척거
려요.

요리 플러스

모닝빵 달걀빵 ① 모닝빵의 윗
부분을 자른 뒤 속을 판다. ②
파낸 속에 자르고 남은 모닝빵
과 스위트콘, 햄을 넣은 후 메추
리알을 깨서 넣는다. ③ 그 위에
케첩을 뿌린 후 200도로 예열된
오븐에서 메추리알이 익을 정도
로만 굽는다.

#Crab stick
#A roll of bread

크래미버거

ingredient

크래미 패티 5장 • 모닝빵 5개 • 마요네즈 • 케첩 적당량
패티 재료 크래미 220g • 빵가루 2큰술 • 다진 양파 2큰술 • 달걀 1개 •
전분 1큰술 • 후추 약간

1 2의 패티를 치댈 때 기호에
  따라 소금간을 해도 좋아요.
2 어른들이 먹을 때는 씨겨자
  소스를 첨가하면 맛있어요.
3 크래미는 믹서기나 채소다지
  기로 다지면 편해요.
4 일반 식빵에 샌드위치처럼 해
  도 맛있어요.

how to make

1 크래미를 잘게 다진다.
2 1에 빵가루, 양파, 달걀 등 패티 재료를 넣고 치댄다.
3 2를 빵 크기에 알맞게 패티 모양을 만든 후 빵가루옷을 입혀 팬에서
  노릇하게 굽는다.
4 모닝빵을 반으로 자른 뒤 한쪽 면에는 마요네즈, 다른 한쪽 면에는 케첩을
  바른다. 그 위에 크래미 패티를 올리고 기호에 맞게 채소 등을 올린다.

\#Carrot

\#Flour

당근팬케이크

ingredient

강판에 당근 간 것 75g • 강력분 100g • 박력분 100g • 베이킹파우더 5g •
설탕 4큰술 • 달걀 2개 • 우유 150ml • 바닐라향 10g

how to make

1   강력분, 박력분, 베이킹파우더, 바닐라향을 한 데 체친다.

2   달걀에 설탕을 넣어 살짝 푼다.

3   2에 우유와 강판에 간 당근을 넣고 섞는다.

4   3에 1을 체쳐 당근 팬케이크 반죽을 만든다.

5   4의 반죽을 한 국자 떠서 약불에 달군 팬에 올린다.

6   기포가 퐁퐁 오르면 뒤집어서 앞뒤로 노릇하게 굽는다.

뽀로롱 꼬마마녀의 요리제안

1 당근 외에 다양한 채소를 섞
  어도 좋아요.
2 달걀 비린내에 민감한 분이
  아니라면 바닐라향을 생략해
  도 괜찮아요.
3 당근 대신 블루베리를 넣으면
  블루베리 팬케이크!

#Rice cake

#Starch flour

떡볼

ingredient

조랭이떡 두줌 • 녹말가루 2큰술 • 튀김 반죽
간장 양념 물 10큰술 • 간장 3큰술 • 요리당 2큰술 • 후춧가루 약간 • 녹말물
1큰술
튀김 반죽 만들기 찬물 100ml • 부침가루 70g

how to make

1   팬에 간장 양념을 넣은 뒤 강불에서 끓이고, 녹말물로 농도를 맞춘다.
    떡이 섞일 만큼 끈기를 가지고 흐르는 정도.
2   조랭이떡과 녹말가루를 1회용 비닐봉지에 함께 넣고 살살 흔들어
    녹말가루 옷을 입힌다.
3   튀김 반죽에 2의 떡을 넣어서 옷을 입힌다.
4   3의 떡볼을 노릇하게 튀긴다. 이때 떡이 튈 수 있으므로, 약불에서 뚜껑을
    닫고 노릇하게 튀겨야 한다.
5   튀긴 떡볼에 미리 만들어 둔 간장 양념 소스를 뿌린다.

1 녹말물은 물과 녹말을 1:1로
  섞어 만들어요.
2 튀김 반죽은 미리 냉장고에서
  1시간 정도 숙성시켜 사용해
  야 맛있어요.
3 다진 견과류를 위에 뿌리면
  더욱 고소해요.
4 튀길 때 떡이 튈 수 있으므로
  반드시 약불로 튀겨야 해요.
5 떡의 수분을 반드시 없애 주
  세요.

#Sweet potato
#Cream cheese plain

고구마 크림치즈구이

   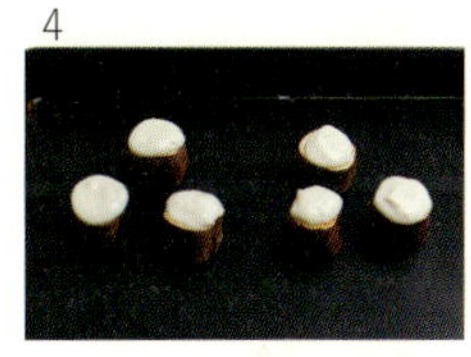

ingredient

고구마 3개(중간 크기) • 크림치즈 플레인 3큰술 • 설탕 2큰술

how to make

1   고구마를 반으로 자른 뒤 양 끝을 자른다.

2   1의 고구마를 프라이팬에서 노릇하게 굽는다.

3   크림치즈 플레인과 설탕을 고루 섞는다.

4   2의 고구마를 오일칠을 살짝 한 오븐팬 위에 올리고 3의 반죽을 올린다.

5   180도로 예열된 오븐에서 약 10-12분간 노릇하게 굽는다.

뽀로롱 꼬마마녀의 요리제안

1 고구마는 찐 것보다 직화로 구운 것이 더 맛있어요.

2 한김 식힌 후 팬에서 분리해요. 뜨거울 때 분리하려고 하면 치즈가 흘러내려요.

3 오븐이 없다면 가스그릴에서 해도 괜찮아요.

Chicken breasts
Lettuce
Tomato

닭가슴살 또띠아롤

ingredient

양상추 반통 • 토마토 1개 • 닭가슴살 100g • 우유 적당량 • 또띠아 8인치 •
우유 • 허니머스터드 소스 적당량 • 피클

how to make

1   생 닭가슴살을 우유에 30분간 담갔다가 구운 뒤 채 썬다.
2   또띠아를 앞뒤로 수분이 살짝 날라 갈 정도로만 굽는다.
3   2의 또띠아 위에 먹기 좋은 크기로 찢어 놓은 양상추와 슬라이스한
    토마토, 닭가슴살, 피클을 올리고 허니머스터드 소스를 뿌린다.
4   양 옆을 오므려서 예쁘게 만다.

뽀로롱 꼬마마녀의 요리제안

1 훈제 닭가슴살은 바로 채 썰
  어서 먹어요.
2 다양한 채소를 응용해서 넣어
  도 돼요.
3 돌돌 만 뒤 랩에 씌워 모양을
  고정시키면 단단해져요.

#Pepper
#Onion
#Baguette

양파치즈빵

ingredient

양파 1/3개 • 노랑·빨강 파프리카 각 1/4개 • 마요네즈 1.5큰술 •
모차렐라치즈 적당량 • 바게트빵 2조각

how to make

1   양파와 파프리카는 작게 자른다.

2   1을 볼에 넣고 마요네즈를 넣어 버무린다.

3   슬라이스한 바게트빵 위에 2의 재료를 넉넉하게 올린다.

4   속재료 올린 빵 위에 모차렐라치즈를 넉넉하게 올린 뒤 180도로 예열된
    오븐에서 치즈가 녹을 정도로 굽는다.

뽀로롱 꼬마마녀의 요리제안

1 호밀빵으로 해도 맛있어요.
2 오븐이 없다면 뚜껑 있는 프
  라이팬에서 치즈가 녹을 정도
  로 약불에서 노릇하게 익혀도
  돼요.
3 아이들과 쿠킹 수업을 해도
  재미있어요. 아이들에게 양파
  와 파프리카를 작게 자르게
  해요.
4 다른 다양한 채소를 사용해도
  좋아요.

#Spanish Mackerel
#Onion

삼치강정

ingredient

삼치 1마리 • 채 썬 양파 1개 • 전분가루 약간

삼치 밑간 청주 1큰술 • 소금 약간 • 후춧가루 약간 • 참기름 1/2큰술

삼치강정 양념 간장 3큰술 • 물 6큰술 • 요리당 2큰술 • 다진 마늘 1큰술 •
다진 생강 1/2큰술 • 후춧가루 약간 • 참기름 1/2큰술

how to make

1   손질한 삼치를 30분가량 밑간한다.

2   삼치강정의 양념만 볼에 넣고 섞는다.

3   밑간한 삼치에 전분가루 옷을 입혀서 오일 두른 팬에 노릇하게 굽는다.

4   2의 삼치강정 양념을 팬에 넣고 끓이다가 3의 구운 삼치를 넣고 살살
버무린다.

1 가시와 뼈가 제거된 순살삼치
  를 쓰면 편리해요.
2 밑간 재료를 다 섞은 후 붓으
  로 삼치에 발라요.
3 삼치를 구울 때는 앞뒤로 한
  두 번씩만 뒤집어요. 많이 뒤
  집으면 살이 부서져요.
4 삼치의 껍질 부분이 밑으로
  가도록 구워요.
5 삼치에 이물질이 묻었다면 쌀
  뜨물에 살살 흔들어 씻은 뒤
  사용해요.
6 밑간시 참기름은 오래 두면
  기름내가 날 수 있으므로 30
  분가량만 재워요.

#Onion

#Curry

양파카레

ingredient

양파 2개(중) • 카레가루 50g • 물 500ml • 오일 1.5큰술 • 돼지고기 등심 100g
고기 밑간 허브솔트·청주·참기름 약간씩

how to make

1 고기는 밑간한 후 재우고 양파는 얇게 채 썬다.
2 오목한 팬에 채 썬 양파와 오일을 넣고 중불에서 갈색빛이 돌 때까지
   볶는다.
3 밑간 후 재웠던 고기를 2의 양파에 넣고 볶는다.
4 카레가루와 물을 넣고 푹 끓인다.

카레 요리할 때는 돼지고기 등
심이나 안심이 맛있어요.

저수분 토마토카레
① 껍질 벗긴 토마토 350g, 감자
250g, 양파 250g을 스테인리스강
냄비에 넣은 후 뚜껑을 닫고 끓
여요. ② 수분이 나오면 간을 보
면서 카레가루를 넣고 끓여요.

카레순두부
① 양파 1/2개, 돼지고기 120g
을 냄비에 넣고 볶는다. ② 고기
가 익으면 물과 고형카레 3조각
을 넣고 끓인다. ③ 순두부에 간
장 1큰술과 소금 약간을 뿌렸다
가 ②의 카레에 스푼으로 뭉텅
뭉텅 떠서 넣고 끓인다.

#Tofu
#Starch

깐풍두부

ingredient

두부 한모 • 감자 전분가루(또는 녹말가루)

깐풍 소스 빨강·노랑 파프리카 각 1/2개 • 양파 1/2개 • 간장 2큰술 •
매실청 1큰술 • 올리고당 1/2큰술 • 식초 1/2큰술

how to make

1   두부는 먹기 좋은 크기로 썰어서 1회용 비닐봉지에 녹말가루와 함께 넣고
     살살 흔들어 녹말가루 옷을 입힌다.

2   1의 두부를 오일 두른 팬에서 앞뒤로 노릇하게 부친다.

3   파프리카, 양파는 잘게 다진다.

4   간장과 매실청, 올리고당, 식초를 한 데 넣고 섞는다.

5   파프리카와 양파를 볶다가 4의 재료를 넣고 한소끔 끓인다.

6   미리 부쳤던 2의 두부를 5의 재료에 넣고 재빠르게 버무린다.

#Grilled Back Ribs

#Onion

등갈비 양파조림

ingredient

등갈비 1대 • 양파(대) 2개 • 간장 100ml • 매실청 150ml • 물 150-200ml •
녹말물 적당량
향신채소 통마늘·생강·대파·양파·청주·통후추 적당량

how to make

1   등갈비는 핏물을 뺀 후 향신채소 넣고 50분간 삶는다.

2   양파를 채 썬다.

3   냄비에 2의 양파와 간장, 매실청, 물을 넣고 끓인다.

4   1의 삶은 등갈비를 넣고 다시 한번 푹 끓인다.

5   마지막으로 녹말물을 넣어서 양념에 윤기가 돌고 잘 달라붙게 한다.

#Rice
#Spam

모듬주먹밥

ingredient

밥 2공기 • 소금간이 되어 있지 않은 김가루 적당량 • 스팸 100g

피자 양념 피망 2개 • 양파 1개 • 스위트콘 적당량 • 피자소스 160g • 햄 40g

참치샐러드 양념 양파 1/3개 • 참치통조림 100g • 피클 55g • 마요네즈 2큰술

how to make

1 잘게 다진 양파와 피망, 스위트콘을 볶는다.

2 1의 재료에 피자소스와 햄을 넣고 피자 양념을 만든다.

3 참치샐러드는 노릇하게 볶은 양파와 피클, 마요네즈를 섞어서 준비한다.

4 스팸은 끓는 물에 살짝 삶은 뒤 찬물에 씻어서 잘게 자르고, 아무것도
   두르지 않은 마른 팬에서 노릇하게 볶는다.

5 주먹밥 안에 각각의 재료를 넣고 동그랗게 만든다.

6 겉면에 김가루를 골고루 묻힌다.

김치스팸 밥버거
김치 두줌, 스팸 115g
불고기 양념 사과 간 것 3큰술, 간장 3큰술, 요리당 1큰술, 매실청 1큰술, 참기름 1큰술, 청주 2.5큰술, 다진 마늘 1작은술, 불고기용 고기 120g

① 스팸은 데쳐서 잘게 자른 뒤에 노릇하게 굽는다. ② 김치는 볶은 뒤 물기를 꼭 짜서 잘게 다진다. ③ 1과 2의 재료를 섞는다. ④ 불고기 양념을 한 데 담아서 섞는다. ⑤ 고기를 4의 양념에 넣어 재웠다가 물기 없이 바싹 볶는다. ⑥ 밥버거 틀에 밥을 올리고 김치와 스팸, 밥을 차례로 올려 김치스팸 밥버거를 만든다. 다른 틀에는 밥 위에 불고기를 올리고 밥을 덮어 불고기 밥버거를 만든다.
불고기 밥버거에 모차렐라치즈를 살짝 섞어서 만들면 고소한 맛이 가미되어서 더욱 맛있어요.

#Tofu

#Milk

#Spaghetti

두부 크림스파게티

ingredient

두부 170g • 우유 300ml • 베이컨 3줄 • 양파 1/2개 • 소금·후추 약간씩 •
스파게티면 2인분

how to make

1   끓는 물에 데친 두부와 우유를 믹서기로 간다.

2   양파와 베이컨은 채 썬다.

3   오목한 냄비에 2를 넣고 볶는다.

4   3에 1을 넣고 소금과 후추로 간을 맞추면서 두부 특유의 향이 날라 갈
    정도로 약불에서 끓인다.

5   약 6분간 스파게티면을 삶은 후 4의 두부크림소스에 섞고 한소끔 더
    끓인다.

1 좀 더 크리미한 맛을 원한다
  면 무가당 생크림을 섞어도
  좋아요.

2 부드러운 생식 두부의 맛이
  좋으나 일반 찌개용 두부를
  데쳐서 사용해도 됩니다.

3 스파게티면을 삶을 때 소금을
  약간 넣으면 더 맛있어요.

4 스파게티면을 삶을 때 적정
  시간보다 1-2분 짧게 삶아야
  요리 완성 후 면이 퍼지지 않
  아요.

#Doemjang
#Udom noodles

된장 자장면

ingredient

우동 생면 2인분 • 된장 150g • 오일 4큰술 • 요리당 3큰술 • 고춧가루 1큰술 •
녹말물 적당량 • 물 400-600ml • 채 썬 양배추 두줌 • 양파(소) 1개 •
감자 2알(소) • 잘게 썬 돼지고기 등심 한줌 • 스위트콘 2큰술
고기 밑간 청주 적당량 • 후추·소금 약간

how to make

1 돼지고기는 밑간에 30분간 재운다. 양파와 양배추는 채 썰고, 감자는 작게
   잘라서 찬물에 담가 전분기를 뺀다.

2 깊이가 있는 팬에 된장과 오일을 넣고 2분 30초-3분 정도 중불로 볶다가
   마지막에 약불로 볶는다. 볶은 후 체에 밭쳐 기름기를 뺀다.

3 다른 팬에 밑간된 고기를 볶다가 감자를 넣어서 다시 한번 볶는다.

4 3의 재료가 익으면 양배추와 양파, 스위트콘을 넣고 볶는다.

5 4에 2와 물을 넣고, 된장을 풀면서 올리고당과 고춧가루를 넣어 섞는다.

6 녹말물로 농도를 맞춘 뒤 삶은 면에 소스를 붓는다.

\#Perilla leaf

\#Rice

깻잎쌈밥

imgredient

데친 깻잎 26장 • 밥 1공기 • 참기름 1작은술 • 참기름 1/2작은술 • 김치 두줌 •
베이컨 5줄

1 김치가 너무 시다면 설탕을 약간 넣어 볶아요.
2 베이컨과 김치 외에 좋아하는 재료로 깻잎쌈밥 만들어도 좋아요.

how to make

1   깻잎은 끓는 물에 빠르게 5초 정도 데친 뒤 찬물에 헹궈서 물기를 뺀다.

2   베이컨은 먹기 좋게 썰어 볶는다.

3   김치 역시 잘게 썰어 참기름을 넣어 볶는다.

4   꼭지를 손질한 데친 깻잎 두 장을 겹쳐서 그 위에 밥과 참기름 섞은 것을
    올린 뒤 베이컨과 김치를 넣어 돌돌 만다.

#Seaweed Fulvescems
#Tuna

매생이 참치전

ingredient

매생이 한줌 · 참치 1캔(150g) · 양파(소) 1/2개 · 당근 1/3개 · 달걀 1개 · 전분가루 1.5-2큰술

how to make

1 매생이를 체에 밭쳐서 깨끗하게 씻은 후 물기를 꼭 짜서 잘게 자른다.
2 손질한 매생이, 잘게 다진 당근, 양파, 달걀, 전분가루, 참치를 넣고 잘 섞는다.
3 손으로 동그랗게 모양을 만든다.
4 오일 두른 팬에서 약불에 앞뒤로 노릇하게 부친다.

뽀로롱 꼬마마녀의 요리제안

1 반죽이 너무 묽지 않도록 전분가루의 양을 기호에 따라 조절해요.
2 매생이 대신 파래를 사용해도 괜찮아요.
3 중불로 달군 뒤에 약불로 부쳐요. 중불에서도 겉면이 탈 수 있으므로 주의하세요.
4 전분가루가 가지고 있는 수분 함량 등 차이가 있을 수 있으므로 반죽이 뭉쳐질 정도로만 전분가루를 넣어요. 많이 넣으면 밀가루맛이 날 수 있으므로 조심!
5 크림소스에 매생이 다진 것을 넣고 섞으면 맛있는 매생이 크림소스가 됩니다.

요리 플러스

양배추 스팸전
다진 양배추 170g, 다진 스팸 60g, 파 50g, 부침가루 7큰술을 넣고 물 250ml 내외를 조금씩 넣으면서 농도를 맞춘다. 걸쭉한 농도가 되면 스푼으로 떠서 부친다.

\#A green pumpkim
\#Tuna

애호박참치볶음

ingredient

참치 1캔(150g) • 애호박 1개 • 소금 1작은술 • 참기름 1작은술 •
오일 1큰술 • 통깨 약간

how to make

1   채 썬 애호박에 소금을 넣고 20분간 절인다.

2   팬에 오일 두르고 1을 넣어서 볶는다.

3   애호박이 익으면 참치를 국물까지 다 넣고 국물이 없어지도록 재빠르게
    볶는다. 다 볶아지면 불을 끄고 통깨를 섞는다.

뽀로롱 꼬마마녀의 요리제안

1 소금간을 한 것이기 때문에
  절인 애호박을 씻지 않아요.
  단, 애호박이 짜게 절여졌을
  경우 물에 살짝 헹군 후 물기
  를 짜요.
2 호박은 껍질째 채 썰어 사용
  해요. 양 끝은 잘라 버려요.
3 참치캔을 연어캔으로 바꾸면
  애호박 연어볶음이 돼요.

#Pork Backbone
#Pureed Soybean Soup

콩비지 감자탕

ingredient

돼지 등뼈 1kg • 양파 1개 • 대파 1개 • 생강 두 톨 • 된장 1.5-2큰술 • 소금
적당량 •
콩비지 320g • 물 4.5-5리터
김치 양념 김치 1/4포기 • 된장 1큰술 • 국간장 1큰술 • 매실청 1큰술 •
들깨가루 1.5큰술 • 고춧가루 2큰술 • 들기름 1/2큰술
향신채소 양파 1개 • 대파 1개 • 통마늘 10톨 • 된장1큰술

how to make

1 등뼈를 찬물에 반나절 정도 담가서 핏물을 빼고, 끓는 물에 생강 한 톨
넣고 팔팔 끓인다. 약 5분 정도 끓인 뒤 건져내어 흐르는 찬물에 깨끗하게
씻는다. 통은 씻어서 다시 물을 받아 끓인다. 물이 끓기 시작하면 향신
채소와 된장 1큰술, 1에 준비해 둔 뼈를 넣고 된장을 풀어서 50분간
끓인다. 50분이 지나면 향신채소는 건져 버린다.

2 물에 깨끗하게 씻어 길게 찢어 둔 김치에 미리 양념을 해 둔다.

3 2에 3의 김치를 넣고 된장 1/2-1큰술과 소금으로 간을 맞춘 뒤 30분간 더
끓인다.

4 다 끓여진 감자탕에 콩비지를 올려서 한소끔 끓이면 완성.

1 김치 대신 시래기를 양념해서
넣어도 좋아요.
2 목뼈와 등뼈를 섞어서 해도
좋고 저렴하게 등뼈만 사용해
도 좋아요.
3 간은 소금으로 맞춰요. 된장으
로 간을 맞추면 짤 수 있어요.

요리 플러스

콩비지덮밥
쌀뜨물에 콩비지를 넣고 중불에
서 끓이다가 새우젓과 들깨가루
넣고 약불에서 뭉근하게 끓여서
양념한 김치와 같이 밥 위에 올
려먹는다.

등뼈찜
삶은 등뼈에 매콤한 양념을 넣
고 졸이듯 볶으면 맛있는 등뼈
찜 완성

#A drumstick of a chicken

#Potato

#Doenjang

닭고기 된장찌개

ingredient

닭다리살 2개 • 감자(중) 1알 • 양파 1/2개 • 애호박 1/2개 • 된장 적당량 •
육수 또는 물 750ml

닭다리살 밑간 된장 1작은술 • 참기름 1작은술 • 고춧가루 1/2큰술

how to make

1   닭다리살은 채를 썰어 30분간 밑간에 재운다.
2   감자는 자른 후 찬물에 담가 전분기를 빼고, 애호박은 반달 모양으로,
    양파는 네모지게 자른다.
3   밑간된 닭다리살과 감자를 오목한 냄비에 넣고 중불에서 볶는다.
4   닭다리살이 익은 듯하면 양파와 애호박을 넣고 한번 더 볶는다.
5   육수를 넣고 된장을 푼다. 기호에 따라 고춧가루를 첨가한다.

1 된장의 염도가 집집마다 다르
  므로 짠맛을 개인의 입맛에
  맞게 맞춰요.
2 육수가 없다면 물을 사용해도
  좋으나 좀 더 뭉근하게 더 끓
  여야 맛있어요.

요리 플러스

순두부 된장찌개

① 바지락 1봉지와 양파 1/2개
를 네모지게 썰어서 고춧가루 1
큰술과 참기름을 살짝 뿌려 넣
어 강불에서 빠르게 볶는다. ②
바지락 한두 개가 입이 벌릴 때
물 650ml와 된장 2큰술을 넣어
끓인다. ③ 국물이 끓으면 아욱
1/2봉지를 넣고 순두부 1팩을
스푼으로 뚝뚝 떠서 넣은 뒤에
좀 더 끓이다가 달걀 한 개 톡
깨트려 넣으면 완성.

#Squid cuttlefish
#Seaweed Fulvescems

오징어 매생이국

imgredient

오징어 1마리 · 매생이 한줌 · 두부 1모(200g) · 멸치다시마육수 약 800ml ·
국간장 1큰술 내외

뽀로롱 꼬마마녀의 요리제안

1 간이 싱겁다면 소금을 추가로
  넣어요.
2 오징어 대신에 굴을 넣으면
  개운한 맛이 일품이에요.

how to make

1 오징어는 채 썰고, 매생이는 물기를 짜서 잘게 자르고, 두부는 먹기 좋은
  크기로 자른다.
2 냄비에 육수를 넣고 끓이다가 오징어를 넣고 한번 더 끓인다.
3 국간장을 넣어 간을 맞춘다.
4 두부, 매생이 순으로 넣고 넣어 한소끔 끓인다.

#Chicken Breast

#Quail egg

닭가슴살 장조림

ingredient

닭가슴살캔 1개 • 메추리알 20개 • 다시마 1장(5×5cm) • 물 5컵(1000ml)
양념 간장 100ml • 설탕 50ml 내외 • 후춧가루 약간

뽀로롱 꼬마마녀의 요리제안

1 생닭가슴살을 사용할 경우 가슴살 통째로 메추리알과 넣어서 푹 졸인 뒤 먹을 만큼만 찢어서 그릇에 담아요.
2 꽈리고추를 넣으면 어른 입맛에도 잘 맞아요.

how to make

1　닭가슴살은 캔에서 분리하고 메추리알은 삶아서 껍질을 깐다.

2　장조림 양념을 한 데 담아서 잘 섞는다.

3　넉넉한 냄비에 물 5컵을 넣고 메추리알과 닭가슴살, 다시마 한 조각을 넣어 둔다. 다시마는 물이 끓기 시작하면 10분 후 꺼내 버린다.

4　3의 재료에 양념 넣고 바글바글 끓인다. 강불에서 1-2분 끓이다가 중불과 약불을 번갈아 가며 뭉근하게 졸인다.

#Bacom

#Omiom

베이컨 채소볶음

ingredient

베이컨 4줄 • 양파 1/2개 • 채 썬 양배추 한줌 반 • 청·홍피망 각 1/2개 •
굴소스 1작은술 • 참기름 1/2작은술 • 후춧가루 약간

how to make

1 데친 베이컨은 작게 썰고, 양파·양배추·청·홍피망은 모두 채 썬다.

2 아무것도 두르지 않은 팬에 베이컨을 넣고 중불에서 볶는다.

3 베이컨이 익으면 양파와 청·홍피망을 넣고 볶는다.

4 양배추와 굴소스를 넣고 양배추의 숨이 죽을 정도로만 볶는다.

뽀로롱 꼬마마녀의 요리제안

1 베이컨은 끓는 물에 데친 뒤
  에 사용해요.
2 베이컨 대신에 햄을 사용해도
  좋지만 끓는 물에 한번 데친
  뒤 사용해야 해요.
3 피망 대신에 파프리카를 사용
  해도 좋아요.

#Fish cake

#Rice

#Spaghetti sauce

어묵 라자냐

ingredient

밥 3/4공기 • 스파게티 소스 3큰술 • 모차렐라치즈 듬뿍 • 느타리버섯 1/2팩 •
양파 1/2개 • 통마늘 3톨 • 사각어묵 3장

how to make

1   끓는 물에 사각어묵을 데친다.

2   양파와 버섯은 잘게 다지고, 마늘은 편 썬다.

3   오일에 편 썬 마늘을 볶다가 버섯과 양파를 넣고 볶는다.

4   3의 재료에 스파게티 소스와 밥을 넣고 볶는다.

5   라자냐 할 그릇에 토마토소스를 펴 바르고 모차렐라치즈를 살짝 뿌린 뒤
    어묵 한 장을 올린다.

6   어묵 위에 토마토소스를 펴 바르고, 4의 피자볶음밥을 올린 뒤에
    모차렐라치즈를 뿌린 후 다시 어묵을 올린다. 그 위에 치즈, 어묵,
    토마토소스, 모차렐라치즈를 순서대로 올린 후 오븐 등에서 치즈가 녹을
    정도로 굽는다.

뽀로롱 꼬마마녀의 요리제안

1 토마토소스를 너무 많이 바르
  면 짜요. 조금씩 발라요.
2 씹는 식감을 위해 스위트콘
  등을 첨가해도 좋아요.
3 볶음 김치를 넣으면 매콤한
  맛이 돼요.

\#Rice

\#Dried slices of daikom

무말랭이 영양밥

ingredient

쌀 1컵 • 무말랭이 한줌반 • 느타리버섯 1/3팩 • 돼지고기 100-150g • 부추 약간
고기 밑간 청주, 허브솔트 약간 • 참기름 적당량
무말랭이 밑간 참기름 적당량

how to make

1   멥쌀은 흐르는 물에 깨끗하게 씻어 불리고, 느타리버섯은 잘게 다진다.

2   무말랭이는 물에 불린 뒤에 물기를 제거하고 참기름에 살짝 버무린다.

3   돼지고기는 밑간한다.

4   냄비에 1, 2, 3의 재료를 차례로 넣고 1:1 비율로 물을 자작하게 붓는다.

5   뚜껑을 닫고 강불에서 한번 끓인다. 거품이 일어나면 중불로 줄여
    수분기를 날려 주듯 좀 더 끓이다가 약불로 줄인다. 타닥타닥 소리가 날
    정도로 끓인 후 불을 끄고 10분 정도 뜸 들인다.

6   뜸을 들일 때 부추를 잘게 썰어서 넣는다.

1 무말랭이 특유의 향 때문에 참기름에 살짝 버무린 후 부추를 넣으면 좋아요.

2 양념간장을 같이 곁들이면 맛있어요.

3 **양념간장 만들기** 간장 3큰술, 올리고당 2큰술, 참기름 1/2큰술, 고춧가루 약간, 통깨 약간, 파 · 부추 약간

가지 영양밥

① 불린 쌀 250g를 준비한다. ② 돼지고기 150g을 간장 1작은술, 요리당 1작은술, 참기름 1작은술, 후춧가루 약간으로 밑간한다. ③ 가지 1개를 먹기 좋은 크기로 썬다. ④ 밥할 냄비에 ②와 ③을 넣고 볶다가 불린 쌀을 올리고 물을 1:1로 자작하게 부운 뒤에 위의 무말랭이 영양밥식으로 밥을 짓는다. 양념간장을 곁들이면 더욱 좋다.

#Fish cake

#Cheese

#Eggs

어묵치즈구이

ingredient

사각어묵 3장 • 일반치즈 3장 • 달걀 2개 • 밀가루 약간

how to make

1   사각어묵을 끓는 물에 살짝 데친다.

2   어묵에 밀가루 옷을 입힌다.

3   2에 치즈를 넣고 반으로 접는다.

4   3에 달걀옷을 입힌다.

5   4를 약불에서 노릇하게 부친다.

1 아이용 순한 치즈를 사용해도
  맛있어요.
2 도톰한 어묵에 칼집을 내고,
  안에 치즈를 넣은 후 달걀옷
  을 입혀 구워도 맛있어요.
3 부칠 때 뒤집개로 꾸욱 눌러
  주면 치즈가 잘 달라붙어요.
  단 터질 수 있으므로 힘을 적
  당히 조절해요.

\#Mackerel

\#Onion

\#Doenjang

고등어 된장구이

ingredient

고등어 1마리 • 양파 1개 • 청주나 쌀뜨물 적당량

된장 양념 된장 2큰술 • 물 5큰술 • 요리당 1큰술 • 다진 마늘 1큰술 •
참기름 1/2큰술, 깨 2큰술

how to make

1   고등어는 청주나 쌀뜨물에 담가서 비린내를 제거한 후에 눈에 보이는 큰
가시는 제거한다.

2   된장양념을 믹서기에 모두 넣고 간다.

3   오븐팬에 양파를 깔고 고등어에 2의 된장양념을 발라 올린 후 180도에서
15-20분 굽는다.

1 순살 고등어를 이용하면 편리
해요.
2 오븐이 없을 경우 스테인리스
냄비에 양파를 깔고 된장 양
념 바른 고등어를 올린 뒤 뚜
껑을 닫고 약불에서 뭉근하게
익혀요.
3 된장 대신 미소된장을 이용해
도 좋아요.

#Tofu
#Spam

두부 스팸구이

ingredient

두부 1/2모 · 스팸 1/2통 · 소금 약간 · 전분가루 약간 · 달걀 1개

how to make

1   두부는 스팸과 비슷한 길이와 넓이로 자른 후 소금을 뿌려서 30분간 재운다.

2   스팸도 두께 0.5cm 정도로 자른 뒤 끓는 물에 데친다.

3   2의 스팸에 전분가루 옷을 입힌다.

4   1의 두부 물기를 제거한 뒤, 녹말가루 옷 입힌 스팸 올리고 다시 두부로 덮는다.

5   두부에 달걀옷을 입혀서 약불로 노릇하게 부친다.

1 전분가루가 너무 많이 묻으면 맛이 없어요. 살살 털면서 조금씩 묻혀요.

2 두부가 너무 짜다면 흐르는 물에 살짝 씻은 뒤 키친타월로 물기를 닦고 요리해요.

#Dried radish greens
#Onion

시래기덮밥

ingredient

시래기 한줌 · 양파 1/2개 · 들깨가루 2.5큰술 · 물 200ml · 녹말물 적당량
양념 된장 1큰술 · 고추장 1/2큰술 · 매실청 1큰술 · 올리고당 1큰술 ·
참기름 1/2큰술

how to make

1   시래기와 양파는 잘게 다진다.
2   손질한 시래기에 물과 들깨가루를 제외한 양념을 넣고 조물조물 무친다.
3   오목한 냄비에 2의 재료와 물을 넣고 중불에서 보글보글 끓인다.
4   들깨가루를 넣고 한소끔 끓인 뒤 녹말물로 농도를 맞춘다.
5   준비한 밥에 완성된 시래기덮밥 소스를 뿌리면 완성.

#Pork Sirloin

#Starch

찹쌀 탕수육

ingredient

탕수육용 고기 400g • 오일 적당량 • 녹말앙금 6큰술 • 달걀흰자 2개

밑간 참기름·후춧가루·소금·청주·생강 약간씩 • 찹쌀가루 4큰술

탕수육 소스 간장 1큰술 • 설탕 4큰술 • 식초 3큰술 • 물 150ml • 피망 1/2개 •
양파 1/2개 • 당근 1/4개

how to make

1   고기를 먹기 좋게 자른 뒤에 밑간에 30분가량 재운다.

2   녹말앙금에 달걀흰자를 섞어서 반죽옷을 만든다.

3   2의 반죽을 1의 고기에 넣어 섞는다.

4   중불에서 달군 오일에 한번 노릇하게 애벌 튀김한다. 먹기 직전에 다시
    한번 튀긴다.

5   간장, 설탕, 식초, 물을 한 데 섞는다.

6   잘게 피망과 양파, 당근을 오일에 볶다가 5의 소스를 넣고 끓이면서
    녹말물로 농도를 맞춘다.

#Salted pollack roe
#Squid cuttlefish

명란젓 오징어 볶음밥

ingredient

명란젓 1개(약 2큰술) • 오징어 1/2마리 • 마요네즈 1큰술 • 밥 1공기 •
양파 1/3개 • 대파 1/2개
해물 밑간 참기름·청주 약간

how to make

1   대파와 양파를 잘게 다진다.

2   오징어는 작게 잘라서 밑간에 20분간 재운다.

3   명란젓과 마요네즈를 섞는다.

4   중불에서 오일 두른 팬에 1의 채소를 넣고 볶는다.

5   양파와 대파가 익으면 2의 오징어와 밥, 3의 명란마요네즈를 넣고 볶는다.

1 명란젓은 되도록 짜지 않고
   색소를 사용하지 않은 것으로
   사용해요.
2 찬밥을 이용해야 질어지지 않
   아요.
3 대파의 양이 많으면 향이 풍
   부하고 맛있어요. 실파를 써
   도 좋아요.
4 오징어 대신에 해물믹스를 이
   용해도 좋아요.

\#Sweetcorm

\#Starch

옥수수탕수

ingredient

스위트콘 1/2캔(중) • 감자전분 가루 3.5큰술

탕수육 소스 물 150ml • 간장 1큰술 • 설탕 4큰술 • 식초 3큰술 • 녹말물 적당량 •
당근 1/4개 • 파프리카 1/3개 • 피망 1/3개 • 양파 1/3개

how to make

1   스위트콘은 칼로 뭉개듯 다진다.
2   1의 다진 스위트콘에 감자전분 가루를 넣어 섞는다. 반죽이 섞이지 않을
    때 소금물을 약간 넣거나 스위트콘 통조림 국물을 조금씩 섞어가며
    반죽한다.
3   2의 반죽을 숟가락이나 손으로 동글게 빚어 오일에 노릇하게 튀긴다.
4   중불에서 오일 두른 팬에 탕수육 소스와 당근, 파프리카, 피망, 양파를
    볶는다.
5   4의 채소가 익으면 물, 간장, 설탕, 식초를 넣고 한번 보글보글 끓어오르면
    녹말물을 넣어 농도를 맞춘다.
6   4의 튀겨진 스위트콘에 완성된 5의 탕수육 소스를 곁들인다.

반죽의 농도 맞추기
물과 소금으로 농도를 맞춰요.
물 대신 스위트콘 통조림 국물
을 사용해도 좋아요.

1 일반 옥수수알갱이를 사용해
  도 좋아요. 다만 이 경우 단맛
  을 맞춰야 해요.
2 탕수육 소스에 버섯 등 다양
  한 채소를 넣어 만들어도 맛
  있어요.

#Chicken drumstick

#Garlic

꿀닭

ingredient

닭봉 한팩(500g) • 다진 마늘 1큰술 • 참기름 1/2큰술 • 우유 적당량 • 허브솔트 살짝 • 로즈메리 약간

양념 꿀 4큰술 • 진간장 1큰술 • 우스터소스 1큰술 • 물 2큰술 • 후춧가루 약간

how to make

1   닭봉에 칼집을 내서 우유에 30분 재운다.
2   닭봉의 우유 물기를 털어 낸 뒤에 다진 마늘, 참기름, 허브솔트, 로즈메리를 넣고 다시 한번 30분가량 재운다.
3   꿀닭 양념 재료를 한 데 섞는다.
4   2의 닭봉을 프라이팬에 노릇하게 굽는다.
5   3의 양념을 팬에 넣고 졸이다가 구운 닭봉을 넣고 졸인다.

1 닭봉 대신 닭날개 등의 다른 부위로도 가능합니다.
2 닭봉을 튀겨서 요리하면 더 고소한 맛이 납니다.
3 위에 견과류를 뿌리면 씹히는 맛이 있어요.
4 로즈메리는 없어도 괜찮아요.

스위트칠리소스 닭구이

① 닭날개에 칼집을 낸 뒤에 우유에 30분 재운다. ② 우유의 물기를 털어 낸 뒤 허브솔트, 참기름 약간을 넣고 30분 다시 재운다. ③ 재웠던 닭날개를 프라이팬에 노릇하게 굽는다. ④ 다 구워진 닭날개에 스위트칠리소스 2-3큰술을 넣고 양념이 잘 스며들도록 굽는다.

뽀로롱 꼬마마녀 Q&A

Daum과 Naver를 넘나들며 왕성한 블로거 활동을 펼치고 계신데요, 블로거의 일상은 어떠한가요? 그냥 남들과 똑같아요. 다만 다른 것이 있다면 어떤 재료를 사왔을 때 좀 더 창의적으로 이걸 어떻게 요리해야 맛있을까 고민하는 점이 다르다면 다를까요? 그러고 나서 블로그 포스팅을 어떻게 해야겠다 하고 생각하는 게 블로거의 일상 같아요. 이제는 정말 너무나도 익숙한 일이지만 처음에는 만든 음식 다 식도록 마음에 드는 사진을 못 찍어서 식구들 모두 밥도 못 먹고 기다린 적도 많아요. 그래도 그 모든 걸 이해해 준 가족들에게 고맙죠.

블로그를 처음 시작하게 된 계기는 무엇인가요? 당시 연애 중이었던 신랑에게 이것저것 해 주고 싶은 마음에 시작했어요. '나는 남편에게 이런 거 해 줬어.'라는 기록의 의미로 시작한 거였죠. 처음 목표는 100품의 요리를 포스팅한 후 신랑에게 보여 줄 생각이었어요. 나중에 똑같은 요리를 저한테 만들어달라고 하려고 했는데 어떻게 하다 보니 2000여 품의 요리 포스팅을 올렸어요. 이제는 신랑이 지금 당장 2000품의 요리는 못해 주지만 살면서 천천히 요리를 해 주겠다고 하네요.

새로운 아이간식을 만들 때 아이디어는 어디서 얻나요? 재료 하나를 두고 어떻게 하면 더 맛있게, 더 건강하게 만들 수 있을까를 고민해요. 튀기고 찌고 조리고 볶고 다양한 조리법을 통해서 아이의 입맛에 맞는 간식을 만들려고 합니다. 한정된 재료가 아닌 마트에서 구할 수 있는 다양한 재료로 아이에게 건강하게 만들어 줄 수 있는 간식을 고민하다 보면 '이거다' 하는 아이디어가 떠올라요.

가장 좋아하는 식재료는? 주위에서 쉽게 구할 수 있는 재료를 선호해요. 특히 두부, 된장, 채소 등을 좋아해요. 만들고 싶어도 재료를 구할 수 없다면 그건 남에게 알려드리기도 미안해지더라고요. 고기도 좋지만 값싸고 영양가 많고 쉽게 구할 수 있는 재료들이 최고예요.

요리 초보자들에게 가장 추천하고 싶은 식재료는 어떤 것인가요? 두부와 달걀이에요. 가장 만만하고 가장 손쉽게 다양한 음식에 응용할 수 있어요. 두부의 경우 다양하게 조리하면 정말 맛있는 간식들로 탄생해요. 달걀 역시 곰곰이 생각하고 응용하다 보면 새로운 요리를 만들 수 있어요.

가족이 가장 좋아하는 간식은 무엇인가요? 또띠아로 만든 피자나 호두파이를 많이 좋아해요. 또띠아는 정말 간식 만들기에 최고인 것 같아요. 닭가슴살 넣고 만들어 준 또띠아롤도 무척 좋아해요.

블로그를 하는 이유는? 처음에는 제 개인적 사생활이었지만 이제는 그냥 정보 공유이면서 남들과 같이 나눈다는 마음으로 해요. 제가 블로그를 쉬면 제 블로그를 보러 온 분들이 헛걸음질 하는 게 싫어서 평일에는 되도록 포스팅하려고 노력해요. 이제는 정말 제 일상 같아서 평일에 포스팅 안 하면 괜히 이상한 기분이 들 정도예요. 그래서 며칠 간 여행을 떠날 때라도 오는 분들 헛걸음질 안 하게 요리 포스팅이나 일상 포스팅을 예약해 놓고 가는 버릇마저 생겼어요.

우수 블로거가 되기 위해서 가장 우선되어야 할 것은? 내가 꾸준히 할 수 있는 콘텐츠를 개발해야 해요. 남들과 차별화 두는 것도 좋지만 진짜 오랫동안 꾸준하게 하는 콘텐츠를 찾아서 하는 건 어렵거든요. 그걸 찾아 내고 성실하게 포스팅하다 보면 우수 블로거가 되어 있을 거예요. 요리란 게 어떻게 보면 누구나 할 수 있는 콘텐츠이지만 몇 년을 꾸준하게 하기는 어렵거든요.

블로그 활동에 얽힌 이야기 중 가장 추억하게 되는 에피소드는 무엇인가요? 가끔 신랑을 언제 어디서 봤다는 제보(?)를 받아요. 신랑이 절대 자신은 나쁜 짓 못한다고 우스갯소리하곤 해요. 가족을 많이 알아봐 주시고 저 또한 알아보면서 인사도 해 주셔서 감사하죠.